建筑科普丛书

中国建筑学会　主编

建筑的文化理解
——科学与艺术

秦佑国　编著

U0291127

中国建筑工业出版社

建筑科普丛书

策　　划：仲继寿　顾勇新

策划执行：夏海山　李　东　潘　曦

丛书编委会：

主 任 委 员：修　龙

副主任委员：仲继寿　张百平　顾勇新　咸大庆

编　　　委：（以汉语拼音为序）

　　　　　　陈　慧　李　东　李珺杰　潘　蓉

　　　　　　潘　曦　王　京　夏海山　钟晶晶

总　序

　　建筑学是一门服务社会与人的学科，建筑为人们提供了生活、工作的场所和空间，也构成了人们所认知的环境的重要内容。因此，中国建筑学会一直把推动建筑科普工作、增进社会各界对于建筑的理解与认知作为重要的工作内容和义不容辞的责任与义务。

　　建筑是人类永无休止的行动，它是历史的见证，也是时代的节奏。随着我国社会经济不断增长、城乡建设快速开展，建筑与城市的面貌也在发生日新月异的变化。在这个快速发展的过程中，出现了形形色色的建筑现象，其中既有对过往历史的阐释与思考，也有尖端前沿技术的发展与应用，亦不乏"奇奇怪怪"的"大、洋、怪"建筑。这些现象引起了社会公众的广泛关注，也给建筑科普工作提出了新的要求。

　　建筑服务于全社会，不仅受命于建筑界，更要倾听建筑界以外的声音并做出反应。再没有像建筑这门艺术如此地牵动着每个人的心。建筑，一个民族物质文化和精神文化的集中体现；建筑，一个民族智慧的结晶。

　　建筑和建筑学是什么？我们应该如何认识各种建筑现象？怎样的建筑才是好的建筑？这是本套丛书希望帮助广大读者去思考的问题。一方面，我们需要认识过去，了解我国传统建筑的历史与文化内涵，了解中国建筑的生长环境与根基；另一方面，我们需要面向未来，了解建筑学最新的发展方向与前景。在这样的基础上，我们才能更好地欣赏和解读建筑，建立得体的建筑审美观和赏析评价能力。只有社会大众广泛地关注建筑、理解建筑，我国的建筑业与建筑文化才能真正得到发展和繁荣，才能最终促进美观、宜居、绿色、智慧的人居环境的建设。

本套丛书的第一辑共 6 册，由四位作者撰写。著名的建筑教育家秦佑国教授，以他在清华大学广受欢迎的文化素质核心课程"建筑的文化理解"为基础，撰写了《建筑的文化理解——科学与艺术》《建筑的文化理解——文明的史书》《建筑的文化理解——时代的反映》3 个分册，分别从建筑学的基本概念、建筑历史以及现当代建筑的角度为读者提供了一个认知与理解建筑的体系；建筑数字技术专家李建成教授撰写了《漫话 BIM》，以轻松明快的语言向读者介绍了建筑信息管理这个新生的现象；资深建筑师祁斌撰写的《建筑之美》，以品鉴的角度为读者打开了建筑赏析的多维视野；王召东教授的《乡土建筑》，则展现了我国丰富多元的乡土建筑以及传统文化与营造智慧。本套丛书后续还将有更多分册陆续推出，讨论关于建筑之历史、技术与艺术等各个方面，以飨读者。

总之，这套建筑科普系列丛书以时代为背景，以社会为舞台，以人为主角，以建筑为内容，旨在向社会大众普及建筑历史、文化、技术、艺术的相关知识，介绍建筑学的学科发展动向及其在时代发展中的角色与定位，从而增进社会各界对于建筑的理解和认知，也积极为建筑学学生、青年建筑师以及建筑相关行业从业人士等人群提供专业学习的基础知识，希望能够得到广大读者的喜爱。

修龙

前　言

2007 年 4 月 23 日，恰逢世界读书日，我应《建筑创作》杂志之约，写了一篇文章"我的读书观"。文中写道：

"我在讲《建筑与气候》的课时曾说，事关'生存'是一定要做的，至于'舒适'，人是可以'将就'的。"

读书也是如此。"读书"，早年有上学的意思，而在中国古代，上学读书的目的是谋求功名利禄，所以十年寒窗，头悬梁、锥刺股，刻苦读书。吃得苦中苦，方为人上人。读书是为了确立你的社会地位和经济地位。今天，读书的这种目的在中国似乎愈演愈烈。应试教育下，多少人，从幼童到成人，苦读书，读书苦，真是"事关'生存'是一定要做的"。

然而，读书不仅有苦，也有乐。"乐"不是指苦读书的功利目的实现后、"苦尽甘来"的那种乐，而是读书之中的乐，"乐在其中"的乐。五柳先生"好读书，不求甚解。每有会意，便欣然忘食"，陶醉得连饭都忘了吃。所以读书也可以从"兴趣"的角度出发，去"享受人类的文明"。

亦如上面提到的"至于舒适，人是可以'将就'的"，从"享受""兴趣"的角度去读书，就有很大的空间了：可读可不读，可多读亦可少读；有兴趣的就读，不感兴趣的就不读。

读书可以培育气质、提高修养。2004 年我在《新清华》上发表了一篇文章，说到大学教育不仅要讲"素质"，还要讲"气质"，不仅要讲"能力"，还要讲"修养"（人文修养、艺术修养、道德修养、科学修养）。在学校方面，"气质"和"修养"教育，一是校纪、校规的"养成"，二是校风、环境的"熏陶"，三是教师的"表率"。而学生个人方面，培育"气质"、提高"修养"，读书是重要的方面。当你在为职业和工作的目标而读书，学习知识和技能的同时，去"享受"和"拥抱"人类的文明，去接受人文、艺术和科学的养分，既培育了气质，提高了修养，也获得了乐趣，这不是一种很好的生活方式吗？

2006年秋，清华大学启动了"文化素质教育核心课程计划"，要求对本科学生加强文理（art and science）通识教育，而这在许多国际名校是很早就有的。例如哈佛大学就为本科生开设"核心课程"（Core Curriculum）152门（1996～1997学年）。2009年，我结束了面向全校已教授5年的"新生研讨课"（freshman seminar），开始了"文化素质教育核心课——建筑的文化理解"的讲授。

这门课面向全校非建筑学专业的本科生，介绍建筑学的定义、概念、构成因素，以及建筑原则、学科构成、审美原理；通过外国传统建筑发展历史的讲述，阐明建筑与社会、宗教、文化的关系；讲述中国传统建筑的特征，并以重要的古建筑遗存，阐述中国传统建筑的历史；20世纪建筑以现代主义建筑发展为主线，随时代而演变，并显示建筑师个人风格的变化；建筑具有鲜明的时代特征，百年来中国建筑风格的演变，反映了中国各个时代的政治和社会的变化；建筑具有艺术与技术结合的特点，通过建筑细部设计和工艺技术，阐述建筑技术对建筑艺术和建筑审美的作用；中国正在经历城市化的进程，阐述如何营造城市特色，避免"千城一面"。最后一讲，讲述中国第一位女建筑学家林徽因精彩而又坎坷的人生和在建筑学上的成就，表现了她作为中国典型知识女性的文化修养与专业成就、人格魅力和学术精神的完美统一。

通过课程学习，让喜爱建筑的本科学生对建筑有了初步的认识，对中外建筑发展的历史及其社会文化的动因有所了解，增强了建筑艺术的审美能力，提高了鉴赏品位，提升了建筑文化的修养，同时对中国当代建筑和城市建设的现实有了针对性的认识。

九年来，这门课一直为学生欢迎，由于受选课人数的限制，成了很难选上的"热门课"。2016年清华大学设立"新百年基础教学优秀教师奖"，第一届颁给了5名教师，我是其中之一，推荐我参评的是学校的"文化素质教育基地"。

在中国建筑学会的支持下，中国建筑工业出版社拟定了建筑科普丛书的出版计划，了解到我开设的这门课面向非建筑学专业学生，用平常的语言讲述，适合"建筑科普丛书"的定位和读者群，于是希望把我讲的这门课写成书，我答应了。

书稿整理过程汇总，由于图片数量太多，编写成一册太厚，而且与丛书拟定的其他书篇幅相差太大，但删减内容和图片又"舍不得"。经讨论后，用《建筑的文化理解》总名出三个分册：《建筑的文化理解——科学与艺术》《建筑的文化理解——文明的史书》《建筑的文化理解——时代的反映》。第一册讲建筑概论和建筑审美；第二册讲外国古代建筑史和中国古代建筑史；第三册讲外国近现代建筑史和中国百年建筑风格的演变。

建筑艺术是视觉艺术，谈建筑离不开图片，三册书一共有上千张照片，不可能都是我自己拍照的。我到过的建筑，大都用我拍的照片，但因为天气、光线、视角等方面的原因，有时也会用他人拍的照片。我没有去过的建筑的照片，除了有一些是我学生拍的以外，绝大多数图片都是从已出版书籍中扫描或从网络上他人拍的照片下载而来。这是我要向原作者表示感谢的，没有这些照片，我无法为学生开设这门课程，也没有可能编写这本面向普通读者讲述建筑的科普书籍，再一次地谢谢！

目　录

第一章

建筑概论

非得社会对于建筑和建筑师有了认识，建筑不会到最高的发达。

——梁思成

什么是建筑？

问一般的人"什么是建筑"，大多数的回答是"建筑是房子"，但高考报志愿，有"想学建筑"的，而没有"想学房子"的。还有，常听到说"建筑公司""建筑工人"，这时的"建筑"是"盖房子"，是施工。可以看出，中文"建筑"这个词是一个多义词。

中文"建筑"对应着英文的三个词：Architecture、Building、Construction，正好是 A、B、C 三个字母打头的词。中文说"建筑学""建筑设计"对应的是 A 打头的 Architecture、Architecture Design；中文"建筑"的"房屋""房子"的意思，对应的英文是 Building；中文"建筑"的"盖房子""施工"的意思，对应着英文 Construction。

《牛津英语字典》对 Architecture 的解释是：

Art and science of building，design or style of building.（建造房屋的艺术和科学；房屋的设计或风格）。

可以看到，在英语里 Architecture 与 Building 是紧密联系的，但是是两个词。中文"建筑"可以对应于英语的 Building 和 Architecture，"房屋、房子"与"建筑"可以混用，但英语 Architecture 不可以直接译成中文"房屋"。

Building 是指实体、个体，强调物质属性。例如中文"建筑技术"，译成 Building Technology，这里"建筑"不译成 Architecture 而是 Building，尽管"建筑技术"是建筑学的一个二级学科。"这个建筑很美丽"，译成 This building is beautiful。"美丽"不是物质属性，但说的是个体建筑，还是译成 Building。

Architecture 是指概念、集合，强调艺术与人文属性。例如中文"中国传统建筑"译成 Chinese Traditional Architecture，"20 世纪现代建筑"译成 Modern Architecture in 20th Century，这里中文"建筑"就要译成 Architecture，而不是 Building。

Architecture 也是一门学科——"建筑学"。大学里的"建筑系"英文是 Department of Architecture，培养建筑师（Architect）。

梁思成 1928 年创办东北大学建筑系，第一届学生 1932 年 7 月毕业，梁先生致信祝贺。他在信中写道：

"现在你们毕业了，但是事实你们是'始业'了。你们的业是什么？你们的业就是建筑师的业，建筑师的业是什么，直接地说就是建筑物之创造，为社会解决衣、食、住三者中住的问题，间接地说，是文化的记录者，是历史之反照镜。"

建筑的构成因素

满足人类在其间活动的空间及其几何特征：形状、尺寸、方位、位置及相互关系等；老子《道德经》："凿户牖以为室，当其无，有室之用。"

形成人类审美感觉的艺术特性。

建筑的社会经济属性：国民经济、投资、人口、土地、资源、能源、环境、生态、城市、产业、交通、政策、法规、管理、文物保护、文化传统等。

以上三条讲的"建筑"是 Architecture。

围蔽建筑空间的物质实体：建筑材料，建筑结构，围护结构（墙、屋面、门窗）等。

满足人类生理要求的健康、舒适、安全的环境：建筑气候环境，建筑物理（热、声、光）环境，室内空气质量，建筑防火和防灾，建筑卫生和防疫，建筑绿化环境；生产性建筑有工艺对建筑环境的要求，如集成电路车间需要超净，冷藏库需要低温。

建筑功能保障的设备系统：运输系统（电梯、自动扶梯、自动步道），卫生设备，能源供给系统（供电、供燃气），供水系统，排污系统，广播、通讯和信息系统，保安监控系统、消防系统等。

建筑环境保障的设备系统：采暖系统，通风系统，空调系统，照明系统。

以上说到的"建筑"是 Building，指"房子、建筑物"。

建筑工程的专业配置

正因为建筑是一个复杂的综合体，所以建筑工程需要多个专业的人员合作完成，主要有三个专业：

建筑专业——建筑师：建筑场地（总图）设计、建筑设计（建筑平面和空间的几何形态、尺寸与相互关系，建筑形体和立面的形式风格，即艺术特征）、建筑构造设计（墙体、屋面、顶棚、地面、门窗等的构造）、建筑装修和装饰设计、建筑环境特性的要求和设计保障等。设计目标主要是建筑的适用、美观。一个建筑好用不好用、好看不好看是建筑师的职责。建筑师通常是建筑系建筑学专业培养的。

结构专业——结构工程师：建筑结构（包括地基、基础在内的建筑"骨架"）的设计（力学计算和结构体系与构件的设计），建筑结构的施工。目标是建筑物的牢固、耐久。一个建筑在各种荷载（建筑物自重、人员设备荷载与动力、风力、雪载、地震）作用下，破坏不破坏、垮塌不垮塌，以及是否开裂、变形、倾斜，是结构工程师的职责。结构工程师通常是土木系建筑结构专业培养的。

设备专业——设备工程师：功能与环境保障设备系统的设计、施工和运行。目标是适用、效率。其中环境保障设备系统的工程师是由暖通空调专业（又称建筑环境与设备专业）培养的。

两千年前，古罗马的维特鲁威在《建筑十书》中要求：

"建筑师必须擅长文笔，熟悉绘图，精通几何学，深悉历史，勤听哲学，理解音乐，对于医学亦非无知，通晓法律学家的论述，具有天文学的知识。"

建筑的原则和方针

维特鲁威在《建筑十书》中提出建筑三原则——实用、坚固、美观。两千年来一直是西方建筑观念的原则。

中国第一位女建筑学家林徽因在 1932 年发表的"论中国建筑之几个特征"的文章中写道："在原则上，一种好建筑必含有以下三要点：实用、坚固、美观。实用者：切合于当时当地人民生活习惯，适合于当地地理环境。坚固者：不违背其主要材料之合理的结构原则，在寻常环境之下，含有相当永久性的。美观者：具有合理的权衡（不是上重下轻巍然欲倾，上大下小势不能支；或孤耸高峙或细长突出等等违背自然律的状态），要呈现稳重、舒适、自然的外表，更要诚实地呈露全部及部分的功用，不事掩饰，不矫揉造作、勉强堆砌。美观，也可以说，即是综合实用、坚稳两点之自然结果。"

"文化大革命"前，"党的建筑方针"是：适用、经济、在可能的条件下注意美观。

近年来，重提建筑方针：适用、经济、美观。

2016 年，中共中央国务院文件《关于进一步加强城市规划建设管理工作的若干意见》中提出："贯彻'适用、经济、绿色、美观'的建筑方针。"

建筑功能

满足人们生活居住、社会交往和生产活动对建筑空间与环境的使用要求（图 1-1）。

图 1-1

建筑的基本功能。人们最基本的生活是家庭生活（左上图），满足家庭生活的建筑就是住家（住宅），一个个家庭的住家聚集在一起形成村落（左下图）。聚居在一起的人们就有了社会交往（右图）。

图1-2

1983年画的巴黎公寓剖面图

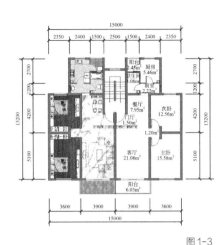

图1-3

住宅设计平面图

图1-2是19世纪中叶一栋巴黎公寓的剖面图（1853年画）。底层住着房东，楼上的住户从楼梯间上楼；二层房间层高高，居室大，有阳台，住的是百无聊赖的富人；三层房间层高较高，住着孩子较多的中等收入家庭；四层房间层高低、居室小，该层住着不止一家，住户是小市民，房东正在催讨房租；屋顶阁楼层住的是穷人、孤独的老人、落魄的艺术家。一栋公寓配合着当时不同经济条件和社会地位的各个阶层的居住功能，反映了不平等的社会状况。

图1-3是一栋小户型的两室两厅一卫的住宅平面图。这是一梯两户的多层住宅，没有电梯；楼梯间上来，左右各一家。面积不大，标准不高，但建筑师却用心设计。两个卧室，主卧室在南，次卧室在北，两个卧室门相对而开，通过南北房间的外窗，形成"穿堂风"，通风好。而且两个卧室只用一个在客厅端角处的门洞

与客厅相通，使得客厅不被穿行，空间和墙面完整，便于布置家具（沙发组与电视墙）；同时在两个卧室之间可以设置壁橱，既有了储物空间，又起到好的隔声效果。"静区"卧室、客厅在前，"动区"厨房、卫生间在后，动静分区明确，过渡区是餐厅。"动区"厨房、卫生间布置很紧凑，面积节省，却考虑周到。卫生间面积不大，把洗手盆放在外面，既让出了去厨房的通道，也可在有人"占据"厕所时，另外的人还可以洗漱。厨房外面设置了杂务阳台，把洗衣机放在阳台上，靠近卫生间的墙，就近利用卫生间的上下水管线。

满足同样的功能，建筑可以有不同的形式。这正是建筑学魅力之所在。

以住宅为例，主要功能是"居家过日子"。但因为有地理、气候、历史、宗教、社会、习俗、经济、技术等因素的影响和作用，使得不同地区、不同民族的住宅和聚落形式不同，丰富多彩。图1-4是四个中外不同地区的传统住宅和村落。

图1-5左上是芬兰的一个住区，20户左右的小住宅围成一圈，内向的院落是公共的停车回车场；左下是著名的1967年加拿大蒙特利尔博览会的试验性住宅——Habitat 67。设计师萨夫迪基于向中低收入阶层提供社会住宅的理想，采用方盒子单元模块，预制装配式体系设计建造。此住宅一度破败空置，后来改造成高档住区。现已是加拿大国家文化遗产。右图是被中国人称之为"Town House"的美国集中开发的联排式住宅。图1-6是香港的高层住宅，三十层、五十层，直筒筒竖起来，显得很拥挤。

现代建筑功能日趋复杂。像十几万、几十万平方米的机场航站楼，陆侧大量的车辆到达下客、载客离去和地上、地下停车，空侧

图1-4

中外传统住宅与村落。

左上：贵州侗族村寨；左下：徽州民居；右上：欧洲小镇；右下：中东聚落

图1-5

现代住宅

图1-6

香港的高层住宅

飞机进港下客、卸货，载客、装货出港，楼内旅客出发、到达、中转流程、行李交运、提取流程，还有餐饮、商业运营，等等，功能十分复杂，如图1-7左，是90万平方米的首都机场第三航站楼。还有商业、娱乐、办公、公寓组合在一起的大型建筑综合体，功能也是十分复杂，如图1-7右北京银河SOHO，图1-8的歌剧院建筑。

图1-7

现代建筑功能日趋复杂。
左：首都机场第三航站楼；右：北京银河SOHO

图 1-8

巴伐利亚州歌剧院

中国国家大剧院

歌剧院建筑。左上是德国巴伐利亚州歌剧院，照片从舞台上拍向观众厅，可以看到舞台空间很大，挂满了舞台设备。图中另一个建筑是中国国家大剧院，置于水面上巨大的钛合金板和玻璃表皮的椭球（长轴212米，短轴144米）罩着三个剧场：2200座的歌剧院、1900座的音乐厅和1000座的戏剧院。主体建筑面积10.5万平方米，地下附属设施6万平方米。从其中歌剧院的平面图和剖面图可以看到，2200座的观众厅的面积和体积与舞台空间相比小得多。舞台空间向上40多米，台面下将近30米，乐池下面也有几层地下室。这些都不是一般观众坐在观众席上可以想象到的。

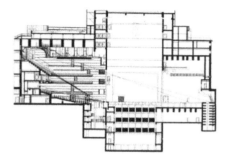

中国国家大剧院歌剧院剖面图

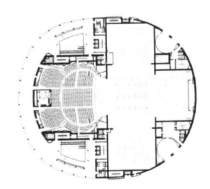

中国国家大剧院歌剧院一层平面图

建筑要考虑人的行为

建筑是为人使用的,规划设计要考虑人的行为。不同的环境,不同的场合,面对不同的对象,人的行为不同。举个常见的例子,高峰时段在公交车和地铁的车厢里,在公众集会的场地上,人们可以挨得很近;但在人流密度不大时,还紧紧挨着陌生人,就要招骂了。还有楼梯设计,每个踏步高度是一样的,人下楼梯通常比较快,"蹬、蹬、蹬",形成了节奏感,如果最后一个踏步高度变了(往往是楼下地面装修造成),会感到很突兀、很别扭。若是最后一个踏步高了些,就会有突然踩空的感觉,甚至会前倾摔跤;如果最后一个踏步低了些,就会有顿膝盖的感觉。还有,在通道上,在门口处,如果出现一步台阶或高差,很容易让人摔倒,建筑系学生在一年级就会被告知,公共场合不能设计"一步台阶"。

1999 年 9 月在昆明召开全国建筑教育会议,会后代表们去参观昆明刚刚整修的一条商业街。踏入街口,看到花岗岩铺地的街路,摆放着盆花,看着还不错(图 1-9 左)。但没有设置坐凳、座椅,人们只能在街路的道牙子上坐着休息,这是中国城市常见的问题。再往前走,来到百货商场前,看到有座椅了,还很考究,黑色磨光花岗岩的。但再一看,大家都笑喷了,磨光花岗岩的椅面上竟然磨出一对对屁股坑来,也就是设计人希望大家排排坐,坐在屁股坑里(图 1-9 中)。人们会按要求排排坐吗?再说下凹的屁股坑难以磨光,比椅面糙,下雨积水,干了积灰,谁愿意坐呢?有坐的也会垫张报纸。设计师没有仔细考虑人的行为,费力不讨好。

　　图 1-9 右图是北京学院路边的座椅，本是好意，让行人可以坐下休息。座椅抬起一步台阶，用铁栏杆将三面围起，面朝马路，"端坐其上，观车来人往"，怎么让人坐得下来？但如果把三面围栏正面放宽一点，往草地里再伸进一点，把座椅转 90°，对面再放一个座椅，两个老太太对面坐下，肩膀对着马路，就可坐下聊天了。

图1-9　　　　　　　　　　　　　　　　建筑要考虑人的行为

第二章

建筑与气候和资源

建筑之始，产生于实际需要，受制于自然物理，其活动乃赓续的依
其时其地之气候，物产材料之供给。

——梁思成（《中国建筑史》，1944）

作为"遮蔽所"的建筑

建筑的本原是人类为了抵御自然气候的严酷而建造的"遮蔽所"（Shelter）——防风避雨、防寒避暑，使室内的微气候适合人类的生存，同时也有防卫的功能（图2-1、图2-2）。其实这是动物的本能，图中的小鸟筑成巨大的巢，是"遮蔽所"；原始人利用山洞，亚马逊河流域土著建造草屋，也是"遮蔽所"。

图2-1

建筑的本原是"遮蔽所"

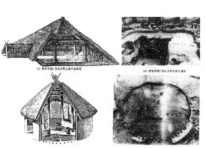

图2-2

原始棚屋。

左：西方书籍中描绘的原始棚屋；右：西安半坡遗址（公元前4800～前4300年）原始棚屋复原图

在中国古代文献中记载有上古人类的"巢居"与"穴居"。《韩非子》载："上古之世，人民少而禽兽众，人民不胜禽兽虫蛇，有圣人作，构木为巢，以避群害。"《易·系辞下》载："上古穴居而野处，后世圣人易之以宫室，上栋，下宇，以待风雨。"

建筑与气候

人类文明在很大程度上依赖于最近 1 万年以来相对稳定的气候状况。

恩格斯说过："文明既不能从条件过于恶劣的地方产生，也不能从条件过于优越的地方产生。"

图 2-3 标示了人类的几大文明：地中海南岸的古埃及文明 A，地中海东岸的巴比伦文明 B，地中海北岸的古希腊文明 E，向东是印度河、恒河文明 C，再向东是黄河、长江文明 D，跨过太平洋是墨西哥玛雅文明 F，都是在北半球中低纬度带上发展起来的。秘鲁的印加文明在南半球，纬度较低，但海拔较高，属于中安第斯山区，还是温和气候。

尽管地球上现存人类开始于非洲热带丛林的边缘，然后迁徙扩散到全球各地，但人类文明却是在四季分明的中低纬度带发展起来，并呈现出多样化的特点。为什么文明没有在现存人类的发源地产生呢？因为那个地方全年平均气温 29℃，可以裸体生活，食物来源容易，通过采集和狩猎就可生活，所以"没有斗争，就没有发展"，也就不会产生文明。但人口增加的压力会造成人类的迁徙。

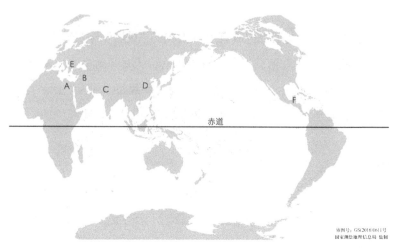

审图号：GS(2016)1611号
国家测绘地理信息局 监制

图 2-3

全球人类古代文明发源地的分布

气候作用于建筑的三个层次

第一个层次：气候因素（日照、降水、风、温度、湿度等）直接影响建筑的功能、形式、维护结构等（图 2-4）。

图 2-4

气候影响建筑的第一个层次。左图是韩国济州岛民居，岛上海风很大，为了防止房顶的屋草被风刮跑，用绳网网在屋面上。右图是印度尼西亚处于赤道静风带的民居，没有大风，但有大雨，空气湿度大，一年四季气温都很高，昼夜温差也小。当地的民居屋顶大、坡度陡，可以防雨；墙板通风透气、室内凉快；底层架空，通风防潮。

图 2-5

气候影响建筑的第二个层次。

左：秘鲁高原的蒲草窝棚；右：洛阳的下沉式窑洞

　　第二个层次：气候因素影响水源、土壤、植被等其他地理因素，并与之共同作用于建筑。最明显的是不同气候下，可以盖房子的材料不同。北欧的气候适宜针叶林生长，挪威人的民居、教堂用原木做成；秘鲁高原湖泊盛产蒲草，当地的印第安人用蒲草盖窝棚；洛阳北面属于黄土高原南部边缘，千万年来从蒙古沙漠吹来的西北季风为中国黄土高原带来了很厚的黄土堆积层，但在洛阳没有形成土丘，洛阳的窑洞就不像陕北是在山丘上掏出来的，而是在平地挖个大坑，在坑壁上掏出来，称为"下沉式窑洞"（图 2-5）。

　　第三个层次：气候影响到人的生理、心理因素，并体现为不同地域在风俗习惯、宗教信仰、社会审美等方面的差异，最终间接影响到建筑本身。美国哥伦比亚大学建筑系著名的建筑历史与理论的教授肯尼思·弗兰姆普敦说道："在深层结构的层次上，气候条件决定了文化和它的表达方式，以及它的习俗和礼仪。在本源的意义上，气候是神话之源泉。"

　　希腊在地中海地区，气候温和适宜，人们衣着单薄，神话中的众神与世俗的社会相似，对人体美欣赏，就逐渐形成了希腊建筑柱式以人体比例来作构图（图 2-6）。

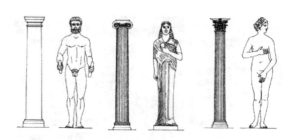

图2-6

气候影响建筑的第三个层次。从左到右的柱式分别是多
立克、爱奥尼和科林斯，分别对应着男子、女子和少女，
比例变得修长，雕刻变得细致。

建筑适应气候

地球上各个地区气候差异巨大，在现代人工环境技术尚未出
现的时代，在现在还未能采用这些技术的地区，建筑为了适应气
候，形成了巨大的地区差异（图2-7）。

图2-7

建筑适应气候。从图中可以看到，温带草原气候、沙漠干热气候、极地冰原气候、
热带雨林气候、热带草原气候等地区的民居建筑适应气候而呈现的不同形态。

图2-8

设备机房

　　为了使建筑中的微气候更加适合人类的生活，人们发展了改善室内环境的技术措施：从原始的生火取暖、点灯照明，到现代化的采暖、通风、空调和照明系统（图2-8）。

　　于是，室外骄阳似火，室内凉风习习，室外冰天雪地，室内温暖如春。不管在什么气候条件和室外气象情况下，都能保证室内的热舒适性。然而这些是以消耗能源为代价的。

　　还有，人类作为一种生物物种，通过遗传习得来适应生活的环境，其时间尺度以千年万年计，而技术的发展在一百年来极大地改变了人类生活的环境，这两个方面在时间尺度上匹配吗？人类在自然气候下生活超过万年，如今在百年中就变得如此"舒适"，这对健康有益吗？

　　舒适≠健康。

建筑材料与建筑结构

　　人类的建筑活动是物质活动，盖房子需要使用建筑材料，建筑材料依赖于地球的资源。传统建筑和乡土建筑常用的建筑材料有：石材、木材、草、土、沙子、石灰、砖瓦等。现代建筑除了继续使用传统建筑材料外，大量使用水泥、钢材、玻璃、铝合金等金属材料，以及石膏等无机矿物材料和塑料等有机合成材料。

　　建筑结构是建筑的"骨骼"，是建筑空间"围蔽"体的支撑系统。建筑结构的作用是承受建筑的荷载（重力、风力、地震力、设备动力），并把其传到地基上去。

　　图 2-9 中展示了不同地区、不同时代建筑结构的形象。

图 2-9

建筑结构的形象。
上排从左到右：非洲土著在建棚屋的骨架；云南村民盖房正在上梁架；山西浑源悬空寺。
中排从左到右：希腊神庙石头梁柱结构；罗马万神庙穹顶结构；罗马奥运会体育馆预制钢筋混凝土结构。
下排从左到右：19 世纪钢拱架的火车站；慕尼黑奥运会体育场的钢索张拉结构；汉诺威世博会德国馆的木结构。

对建筑材料需求的特点及制约

需要大量（重量和体积）的物质，因而受资源条件和生产能力（人力、劳动组织、生产工具、机械动力等）的制约；

需要运输，因而受运输工具和交通条件的制约，在没有现代交通运输的时代和地方，"就地取材"就是重要的特点；

需要加工，因而受到加工工具、动力、手工技艺和加工工艺技术的制约；

具有社会特点，因而受到宗教、政治、意识形态的制约。

乡土建筑就地取材，使用地方材料（图2-10、图2-11）。

图2-10

乡土建筑使用地方材料（一）。

左上：云南傣族的竹楼；左下：马里村落民居土墙草顶；右：伊拉克南部的芦苇屋

图 2-11

乡土建筑使用地方材料（二）。

左：非洲干旱沙漠气候的土窑房屋；中：挪威寒带针叶林气候的木构教堂；

右：德国寒温带气候的砖砌教堂

　　建筑材料和气候的地区性差异是形成古代不同区域文明建筑特点的物质因素和环境因素。

　　古代，宗教和政权的力量可以"突破"资源和技术的制约。

　　英格兰索尔兹伯里距今 4000 多年的"巨石阵"（图 2-12 左），主要材料是蓝砂岩，小的有 5 吨，大的重达 50 吨。在索尔兹伯里地区的山脉中并没有这种岩石，考古学家在南威尔士普利赛力山脉中发现了。那么，古英格兰人是怎么把这些巨石从三百公里以外的威尔士跨过海峡运来的呢？又用什么方法把 50 吨的石柱立起来，十几吨的横梁架上去的呢？只有宗教神权的力量和意志才能组织人力，并坚持数百年来完成这巨大的工程。

　　埃及吉萨大金字塔于 4500 年前建成（图 2-12 右），底边长230 米，高 146 米，用 230 万块巨石堆砌而成，平均每块重 2.5 吨，而大的超过 15 吨。如此浩大的工程只是法老个人的陵墓，只有神权的崇拜、集权的体制和政权的力量才能完成。

中国传统建筑沿用木结构数千年，尽管后来中原地区森林资源已近枯竭，但明清宫殿依旧采用木结构，木料来自千里之外；晚清宫殿大修，木料已从国外进口（图2-13、图2-14）。

图2-12

巨石阵与金字塔

图2-13

中国传统木结构建筑。
左上：山西五台山唐佛光寺大殿；右：山西万荣县明飞云楼；左下：北京明长陵祾恩殿（楠木柱）

　　经考古发掘，在三国东吴和唐朝的墓室就有砖砌穹顶出现（图2-15）。这种在欧洲和中东地区普遍采用的屋顶形式，却没有在中国古代皇宫和官衙建筑中出现。这是中国皇家不在活人建筑上使用砖石拱券的文化传统。

图2-14

故宫太和殿

图2-15

中国古代砖砌穹顶墓室。
左：南京江宁　东吴墓；右：河北曲阳　唐墓

建筑结构

建筑结构是结构材料的力学性能的应用，不同材料的建筑结构具有不同的形式特点，对建筑形式和风格有很大的影响。

古埃及和古希腊用石材作梁柱结构（图 2-16 左上、中上）。石材抗压性能好，抗拉性能差。石材作梁，梁下缘受拉，若跨度大了，石梁下缘会开裂，所以开间很窄。希腊神庙的柱廊，粗壮挺拔的柱子，窄窄的开间，形成了希腊建筑的古典风格。

罗马人发明了拱券技术，使石材可以建造大跨度结构。他们把水平的梁向上拱起成弧线，形成拱券。拱券上部的荷载向下（重力总是下压的）压在拱券上，拱券要向下变形，只要支撑拱券的两个端点（拱脚）不向外侧移，向上拱起的弧线端点不动，向下变形，弧长要变短。变短就是受压，而石材抗压性能好。另外，石头做梁必须是整块石头，而拱券可以用多块石头砌筑，石块之间被压紧在一起。例如，古罗马的输水道，跨山谷输水（图 2-16 左下），用三层连续拱架起输水渠。连续拱相互支撑，保证拱脚不位移，拱就不会垮。起点和终点的那两个拱的拱脚顶在河谷两岸的山石上。

罗马万神庙的穹顶直径达 43 米，已有 1900 年的历史（图 2-16 右），是用当时的火山灰混凝土浇筑而成，里面没有钢筋，不能承受拉力，只能承受压力。穹顶是一个球面，在重力荷载作用下，使其向下变形，如果穹顶底下根部不向外发生位移，则球面面积要缩小，屋顶内承受压力，而凝固的混凝土可以抗压。问题是 43 米直径的穹顶根部是怎么能保持不向外发生位移呢？是靠厚重的墙！内径 43 米、厚度 6 米的一圈墙，既支撑着穹顶的重量，更重要的是"箍住"了穹顶的根部，阻止了底部的侧移，保持了穹顶的稳固。

图 2-16

西方古代石结构建筑

　　为什么在古代各个国家、各个地区用石头、砖瓦、木材做建筑材料，但都没有使用金属呢？人类早就使用了铁，也锻造有钢，但却没有作为建筑材料大量使用。宏观地说是生产力不发达，具体地讲，是建筑材料的使用与工具、动力、工艺技术有关。

　　对于金属材料，在古代，限于人工动力和工具，只有熔铸（烧化了浇注）、锻打（烧红了捶打）和研磨（砺石磨刀）的工艺，所以金属主要用于兵器、器皿和饰件，难以用于建筑。工业革命后，有了机械动力，先是蒸汽机，之后有了电动机，并有了高强度和高硬度的工具（刀具、模具等），除了提高了传统的熔铸、锻打和研磨工艺的效率，而且发展了轧制、压制、车、钻、刨、铣、铆、焊等工艺，使得铁、钢、铝合金被广泛地应用于建筑。

工业革命后，钢、玻璃和钢筋混凝土的使用，极大地改变了建筑的形态和面貌。

18世纪末，焦炭代替了木炭，蒸汽机提供了动力，使英国的炼铁业彻底改变了面貌，铁的使用从铁轨、桥梁，发展到温室花园、火车站站台。1851年英国在伦敦举办了第一届世界工业博览会，组委会要求9个月建成主场馆，没有一个建筑师敢于接受这么短时间就要完成的任务。这时来了一个盖过花园温室的"园艺师"帕克斯通接下了任务，他用铁框架和玻璃盖了一个巨大的"温室"，铁框架在工厂预制，运到现场装配，随后安装玻璃，9个月完成了。一个与传统风格形式不同的崭新面貌、晶莹剔透的建筑展现在博览会上，赢得了"水晶宫"的美誉（图2-17）。

图2-17

英国早期铁框架建筑。

左上：1779年的英国第一座铁桥；右上：1847年设计、1850年建成的利物浦火车站；左下：1847年英国皇家植物园邱园的温室；右下：1851年伦敦工业博览会"水晶宫"

图 2-18

巴黎世界博览会机械馆与埃菲尔铁塔

　　19 世纪中叶，转炉炼钢法和平炉炼钢法相继发明，钢材强度高、性能好，很快在建筑应用上代替了铁。1889 年法国大革命一百周年，巴黎举办了世界博览会，法国人埃菲尔用钢材创造了两个奇迹：一个是跨度达到 108 米的机械馆；一个是留存至今的 302 米高的埃菲尔铁塔（图 2-18）。

　　钢材的高强质轻和工业化生产为摩天楼的出现创造了条件。钢框架的摩天楼 19 世纪末最早出现在芝加哥，纽约后来居上，20 世纪 30 年代先后建起克莱斯勒大厦、帝国大厦等著名摩天楼，结构是钢材，外观还带有传统外墙材料的影子，体型方正对称，有阶梯形收缩，屋顶有尖塔。20 世纪 50 年代以后，美国的摩天楼变成玻璃幕墙的方盒子，还是钢结构，外墙和体型变了（图 2-19）。

　　纽约世界贸易中心由 110 层、高 415 米的两座方形大楼"双子塔"（Twin Towers）和其他一些较低的建筑组成，建于 1962 ~

1976年。"双子塔"在2011年9月11日被恐怖分子劫持的两架民航客机撞毁。2014年,在原有场地上建起的"自由塔"(Freedom Tower)落成开放,楼顶距地面高度是417米,与原来的双子塔同高,加上屋顶尖塔高度为541米(图2-20)。

钢结构除了用于摩天楼,还被用于公共建筑中(图2-21)。

混凝土的可塑性使得建筑的形式可以很随意(图2-22~图2-24)。

图2-19

纽约钢结构的摩天楼。

从左到右:克莱斯勒大厦(1926~1931年);帝国大厦(1929~1931年);利华大厦(1950~1952年);西格拉姆大厦(1956~1958年)

图2-20

纽约世界贸易中心与"自由塔"

图 2-21

两个形式特别的钢结构建筑。

左：斯图加特机场候机楼；右：加拿大蒙特利尔博览会美国馆

图 2-22

纽约肯尼迪机场美国环球航空公司候机楼（1956～1962 年）。

外形像一只鹰，屋顶是钢筋混凝土薄壳，支撑体形状奇特。

图 2-23

两座已经被列入世界文化遗产名录的著名建筑——朗香教堂

和悉尼歌剧院。二者都是用混凝土材料塑造出奇特的外形。

图 2-24

充气结构与张拉膜结构建筑。

左：1970 年日本大阪世界博览会富士馆；右：1995 年落成的美国丹佛机场候机楼

现代木结构也摆脱了传统梁、柱、屋架体系，材料使用和形式有了创新（图 2-25）。上面两图是 2000 年德国汉诺威世博会的"世博屋顶"（Expo Roof）；下面两图是 2014 年在西班牙古城塞维利亚广场上落成的"都市阳伞"（Metropol Parasol）。

图 2-25

现代木结构建筑

"建筑是地球引力的艺术"

建筑物的屋盖形状可以三维变化，丰富多彩，造型可"奇形怪状"，因为"屋顶不上人"；墙体可以在平面上"曲折"，可以是方的、圆的、直线的、曲线的，但在竖直方向通常是直立的，"立木顶千斤"，柱子通常也是直立的；而楼板只能是水平的，人们需要在上面活动，若楼板倾斜，人无法在上面待着，家具无法在上面放着。这是在地球上放之四海而皆准的真理，也都是些常识，通常被人视而不见。但常识往往包含着基础的深刻的哲理。"楼板必须是水平的"，其原因是地球引力（重力）引起的，重力的方向垂直向下，承托人和物的楼板就需要水平。制约建筑最根本、最重要的因素是地球引力（图2-26）。

黑格尔说过："建筑是地球引力的艺术。"

古根海姆美术馆的设计师弗兰克·盖里曾访问清华大学并做讲

图2-26

"建筑是地球引力的艺术。"

左图为故宫角楼，屋顶形状很复杂，"不用上人"，而柱子和墙是直立的，是为了承受重力。右图是著名的西班牙古根海姆美术馆，外形很复杂，但从剖面图可以看出，楼板都是水平的。

座，结束后，秦佑国调侃地问他："你的建筑外形再复杂，楼板总是水平的吧？"他说："当然是了。"秦说："天然的地面有时是不水平的，山坡草地不水平，牛羊还是在上面吃草。盖里先生，你是否会设计一个地面和楼板不水平的建筑呢？"他笑笑，调侃地回答："我回去试试。"

地球引力的"突破"——尽管有地球引力的限制，但在保持楼板水平的前提下，一些大胆的建筑师和工程师试图"突破"地球引力的限制，创造出出人意料的，却是可以盖起来的建筑形式（图2-27）。力学分析上和施工建造上是可行的（但不一定是合理的），其关键在于"平衡"——力的平衡、美学与经济的平衡。

图2-27

地球引力的"突破"。

左上为美国威斯康星州密尔沃基美术馆，西班牙建筑师、结构工程师卡拉特拉瓦设计。一座美术馆的屋顶做成这样的形式，结构的理性和经济性是可以质疑的，但盖了起来，也是为了形式的追求。右图及左下的中国中央电视台CCTV大楼，其结构是不合理的，钢材耗费太大，经济上也超出预算一倍多；但结构和施工是可行的，也盖了起来。至于建筑师创作的形式如何评价，仁者见仁，智者见智，难以达成一致意见。

第三章

建筑与社会

建筑之规模、形体、工程、艺术之嬗递演变，乃其民族特殊文化兴衰潮汐之映影；一国一族之建筑适反鉴其物质精神，继往开来之面貌。

——梁思成（《中国建筑史》，1944）

建筑是社会与文化的反映

　　建筑反映了自然条件和气候状况，社会形态和政治制度，宗教、文化和意识形态，社会生活和风俗习惯，以及技术的进步。

　　因此，建筑形态一方面呈现出地域分布的差异性和国家民族的多样性，另一方面呈现出历史的发展性、传统的继承性和时代的特征性。建筑这样的时空特征使得建筑缤纷复杂、丰富多彩。

　　建筑反映了自然条件和气候状况（图3-1、图3-2）。

图3-1

建筑反映了自然条件和气候状况（一）。
左上：热带雨林气候下干阑式民居；右上：极地荒原气候下的兽皮帐篷（当地人饲养驯鹿为生）；左下：马里热带草原气候下的土墙茅草屋；右下：英国寒温带气候下的石墙草顶屋

图 3-2

建筑反映了自然条件和气候状况（二）。

左上：南意大利的圆顶石屋；右上：土耳其卡帕多奇亚的山洞石屋；

左下：挪威的木屋；右下：德国的小镇

因为不同国家、不同地域的自然条件（气候、地理、资源等）不同，在生产力不发达的时代和地区，人们必然顺应自然而生活，不同自然条件就会反映在建筑上。现代的科学技术和生产力的发达，可以"征服自然"，建筑可以不受制于自然条件，但人们越来越认识到为此付出的代价，开始进行反思。"建筑适应自然"，可持续发展，"生态、绿色"，已经成为新世纪建筑的选择。

建筑反映了社会形态和政治制度

同为奴隶制的埃及、希腊和罗马，政治体制不同，建筑风格不同。埃及是法老专制、政教合一的神权国家，建筑风格专制、威严、压抑；希腊是自由民民主制的城邦国家，建筑风格民主、典雅、明朗；罗马是皇帝统率对外扩张的军事帝国，建筑风格宏大、壮丽、炫耀（图 3-3）。

图3-3

奴隶制时期埃及、希腊和罗马的建筑

英国、法国、美国三个西方大国的首都伦敦、巴黎、华盛顿各自的核心区形态各不相同，反映了各自的政治体制发展历史的不同。

英国在 1688 年"光荣革命"后建立了君主立宪的国家政体，议会成为国家权力中心，议会民主历史很长。伦敦没有轴线强烈的大广场，只是以泰晤士河畔的议会大厦和国王加冕仪式在此的威斯敏斯特教堂为中心（图 3-4 左上）。

法国国王路易十四 1643 年登基，自称"太阳王"，绝对君权，三代王朝延续了 149 年。1789 年法国大革命爆发，把路易十六推上断头台，建立第一共和国，随后拿破仑称帝，专制和革命反复争斗。1851 年拿破仑侄孙路易波拿巴发动政变，又称帝。在其执政期间，巴黎在行政长官奥斯曼领导下进行了大规模的城市改造，形成了巴黎城区现有的格局：城市轴线、林荫道、纪念广场、纪念建筑，主要轴线是连接路易十四的卢浮宫和拿破仑的凯旋门（图 3-4 左下）。

美国的政体是民主共和，三权分立，联邦制。1789 年，美国邦联政府正式成立，在南北两方议员妥协之下，选定南北方分界线——波托马克河畔一片灌木丛生之地作为首都地址，并请法国人朗方主持总体规划。朗方确定了国会大厦、华盛顿纪念像（后改成纪念碑）的位置，以林荫大道相连，并为了体现三权分立的理念，设想把国会大厦、总统府和最高法院分别安排在三个点上，形成一个三角形。1900 年，为纪念首都迁入华盛顿 100 周年，进一步进行规划，把由国会大厦向西引出的"林荫道"改为中间草地、两边橡树的草坪广场，东西向轴线经华盛顿纪念碑（1884 年建成）向西延伸至波托马克河边，在河边兴建林肯纪念堂（1922 年建成），草地代之以水池（图 3-4 右）。
轴线也是连接两个伟人的纪念物，但中间是草地、水池，两边
是博物馆、美术馆等文化建筑。

图 3-4

英国、法国、美国的城市与建筑

建筑反映了宗教和文化

印度在公元前6世纪形成三个宗教:婆罗门教、佛教、耆那教。7世纪后佛教在印度逐渐消亡,婆罗门教改称印度教,成为印度最主要的宗教,耆那教信者很少,却延续至今。15世纪,一支信奉伊斯兰教的蒙古人从中亚进入印度,后建立了莫卧儿王朝,使得伊斯兰教成为印度第二大宗教,并留下了许多伊斯兰风格的建筑,其中最著名的是泰姬·玛哈尔陵(图3-5)。

图3-5

建筑反映了宗教和文化(一)。
左图是卡奇拉霍的印度教神庙(1000年前后),右图是伊斯兰风格的泰姬·玛哈尔陵(1632~1654年)。两者都是世界文化遗产,都具有了不起的艺术成就和叹为观止的技艺水准,但在风格形式和雕饰题材上迥然不同,各自反映了各自的宗教理念和文化认同。

公元 711 年，信奉伊斯兰教的摩尔人从北非越过直布罗陀海峡进入伊比利亚半岛，占领西班牙。科尔多瓦清真寺是 8 世纪摩尔人占领时修建的。1492 年斐迪南二世征服了伊比利亚半岛上的最后一个伊斯兰教国家格拉纳达（建有闻名于世的阿尔罕布拉宫）。西班牙人没有拆毁摩尔人的伊斯兰建筑，而是在科尔多瓦清真寺中间建起了天主教堂，两者"并存"（图 3-6）。

图 3-6

建筑反映了宗教和文化（二）。

西班牙科尔多瓦，清真寺与天主教堂"并存"。

建筑反映了社会生活和风俗习惯

古今中外都看戏。古希腊人在露天半圆剧场看戏剧，观众环抱，座位随山坡升起，俯视台上表演，视线好，声音好，演员（或讲演者）与观众可以交流（图3-7左上）。

慈禧太后也看戏。在颐和园大戏台，只有她和光绪皇帝坐在戏台对面的殿前廊檐下，其他人哪怕王公贵族也得站着。遇到节庆日，三层戏台同时唱，也不知道听谁的，就是图个热闹（图3-7右上）。

意大利米兰斯卡拉歌剧院于1778年落成。当时看歌剧是上流社会的一种时尚，歌剧院是社交场所。看人与被人看、聚会交谈，似乎比看戏还重要。后人曾说过："意大利人在歌剧院的包厢里接待来宾实属当时一种流行的时尚，在这里可以打牌、用晚餐、看戏，欧洲各地也竞相仿效。"尽管后来这种社交时尚逐渐淡出，但这种多层环形包厢的歌剧院形制却保留下来，成了歌剧院的古典范式（图3-7左下）。

晚晴民国时期，北京、天津的戏园子，既是看戏的地方，也是社交的场合，约上亲朋好友，一边看戏，一边喝茶、嗑瓜子，跑堂的穿行其间，遇到台上角儿唱得好，底下有人大声喝彩（图3-7右下）。

福建圆楼，外来的客家人聚族而居。客家人是中原地区的民众为了躲避战乱而迁居到南方的，他们是外来人，来到新的地方，聚族而居，几十户围住在一起，厚厚的墙，围成圆楼，是为了防御（图3-8左）。

斯堪的纳维亚维京人的长屋，也是聚族而居，却是为了征战的组织和训练（图3-8右）。

图 3-7

建筑反映了社会生活和风俗习惯（一）。

左上：雅典卫城古希腊剧场；右上：颐和园德和园大戏台；

左下：17 世纪米兰斯卡拉歌剧院；右下：北京晚晴民国的戏楼

图 3-8

建筑反映了社会生活和风俗习惯（二）。

左：福建圆楼；右：斯堪的纳维亚维京人的长屋

建筑反映了技术发展

上面从埃及希腊的石头梁柱结构，讲到罗马的拱券穹顶结构；从工业革命后的铁框架，到钢结构的摩天楼，再到大跨度和异形结构。技术的进步使人类在建筑设计和工程上获得越来越大的自由度，建筑形式创新也反映着技术的进步（图3-9）。

图3-9

建筑反映了技术发展。
左上：洛杉矶迪士尼音乐厅，2003年；右上：哈尔滨大剧院，2016年
左下：西班牙坦纳利佛音乐厅，2003年；右下：北京凤凰传媒中心，2015年

"居者有其屋"

建筑师的职业理想

古代的贤者，近代的理想主义者，以及现代的社会主义者，都有共同的理想——"居者有其屋"；1946年梁思成创办清华大学建筑系，教室的墙上就贴着"住者有其屋"；1996年联合国召开第二次人类居住会议，通过了《人居议程》，提出"人人享有适当的住房"。

图3-10上边两图是英国工业革命初期工人的住房和伦敦贫民窟的景象，左下是1950年代伦敦在现代主义建筑思潮下规划建设的社会住宅，以解决低收入者的居住。第二次世界大战以后，现代主义建筑思潮流行世界，怀抱理想主义的建筑师们，纷纷为城市贫民规划设计住宅，著名的有法国建筑师柯布西耶设计的马赛公寓，日裔美国建筑师雅马萨奇设计的圣路易斯社区住宅，加拿大建筑师塞夫迪设计的蒙特利尔Habitat 67集合住宅。但到1970年代，现代主义的乌托邦破灭，建筑师的济世努力解决不了社会问题。圣路易斯社区住宅1972年7月被炸毁（图3-10右下），英国建筑理论家詹克斯称之为"现代主义死亡了"的标志，后现代开始了！Habitat 67集合住宅在一度破败后改造成高档住宅，改变了建筑师的初衷。

到了1980年代后期，"新都市主义"（New Urbanism）在美国兴起，并很快在世界范围内流行。新都市主义包含两个方面：一是通过旧城改造，改善城区的居住环境，回归城市文脉；一是对城市边缘进行重构，形成多样化的邻里街区，而不是住宅集中开发的"睡城"（图3-11）。

图 3-10

工业革命后的工人住宅

图 3-11

"新都市主义"

发展中国家城市化进程中的贫民窟

　　当今，发展中国家城市化进程中普遍存在的问题是大城市中的大片贫民窟。以墨西哥城为例，人口有 2500 万，但是三分之二的房子都是违章建筑（Illegal Building），存在大片的贫民窟，这就是所谓"拉美化"。这种城市，还有巴西的里约热内卢、圣保罗，印度的孟买，等等（图 3-12）。

图 3-12

发展中国家的贫民窟和中国城中村。

左边两张照片是印度孟买的贫民窟；右上两张是 2016 年奥运会期间里约热内卢贫民窟；右下是 2004 年飞机上拍下的深圳"城中村"

这种现象在 20 世纪 30 年代的上海也出现过。1928 年国民政府形式上统一了中国，随后 10 年经济发展，上海周边浙江、江苏等省的农民涌入上海。流入上海的穷困农民，在黄浦江边住"滚地龙"（毛竹和芦席搭的窝棚），南市区"江北人"的棚户区一直延续到"文化大革命"阶段，一些地方的棚户区到现在也还存在。

这种拉美国家大城市贫民窟现象的背景是：这些发展中国家的农村是一个贫困的农村，而且土地是可以买卖的。农民一旦农村过不下去，觉得城市有机会，就会离开农村，大量涌向大城市，也没有户口限制，举家迁入城市。这些贫困的农村家庭进入城市，不可能购买城市商品住宅，政府也无力解决如此众多贫民的居住问题，私搭乱建、违章建筑不可避免，政府也无法和无力管理，这就造成了大规模的贫民窟。这个问题，看似是城市问题，实际上是农村问题。

中国在城市化过程中，当大量的农民进入城市的时候，同样存在居住问题。他们买不起城市的商品房，政府和单位也不提供住房。实际上都是城市周边的当地农民利用农村土地是集体所有和城乡二元结构的行政体制，在他们的宅基地里盖房出租，供流动人口居住。当城市区域向周边扩大了，这些村落就成了"城中村"。这就形成外地农民进城打工，当地农民提供廉价租金住房（但居住条件和环境很差）的现象。深圳户籍人口只有 300 万，而流动人口有 800 万，其中绝大多数是农村来的"打工仔""打工妹"。他们就是住在"城中村"的。所以，对于中国经济的发展，"城中村"功不可没！现在"城中村改造"，不能只是政府和开发商与原有村民之间的博弈，置居住在其间的"流动人口"于不顾。

我们要审慎地研究中国的国情，探索中国城市化进程的道路。如果在中国城市化进程中，我们一个十几亿人口的农业大国，从农村贫穷的情况下，随着经济的发展，城市化也逐步发展，在城市化发展过程中又避免了"拉美化"（大面积贫民窟的出现），这是中国为人类历史做出的最大的贡献。

城市建设法规的作用

在埃及开罗看到许多住了多年的房子，不做外粉刷，屋顶上还有伸着钢筋的混凝土柱头，显得很破旧。原来埃及有一条法规，没有完工的住房不交房产税。于是自建的住房尽管住了多年，都"没有完工"，不交房产税。但开发商集中开发的住宅必须完工才能卖，所以照片中待售的商品房是做了外粉刷的（图3-13）。询问过埃及有关的城市管理人员，为什么不修改这条法

图3-13

埃及开罗城市景象

规？回答是："议会投票通不过的，它涉及多少人的利益！"这是社会学问题。

还有城市中的"违章建筑"也是社会学问题。图 3-14 左上是北京轰动一时的"空中别墅"，高层住宅顶层的一家住户，占据整个屋顶，建起景观别墅。被要求拆除，拆了一年。香港也存在违章建筑（图 3-14 右上）；台北在屋顶违章搭建棚子更是普遍（图 3-14 下）。"法不责众"成为这种现象难以制止和改正的所谓"理由"。

图 3-14

城市中的"违章建筑"

建筑防灾

　　灾害是偶发的非常规的危及人们生命和财产的事件。灾害分自然灾害，包括地质灾害（地震、火山喷发、滑坡、泥石流等）和气象灾害（洪水、飓风、龙卷风、雪灾等）；以及人为灾害，由于人的行为（无意或有意）造成的火灾、爆炸、撞击等。防火、防震、防风、防洪是建筑防灾的主要方面（图 3-15）。

图 3-15

建筑防灾。
左：2010 年上海高层住宅火灾；右上：1999 年台湾地区 9·21 大地震；
右下：2005 年美国新奥尔良飓风与洪水灾害

建筑防灾是通过建筑设计、城市规划、城市管理的措施，防止灾害发生，或在灾害发生时减少人员伤亡和财产损失及次生灾害的发生，防止灾害蔓延，并有利于救灾活动的开展。

建筑防灾第一位的是防火。建筑设计要满足建筑消防设计规范，经由消防部门审批，建筑竣工后要通过消防验收。建筑防火的原则与相应的建筑设计措施主要有：

防止火点的发生——控制火源和易燃物的使用与存放；

火点发生后的及时扑救——火灾感应监测系统和自动扑救系统；

火点发生后防止成灾——建筑装修采用不燃材料；

火灾扑救系统——各种消防设备和消防系统；

火灾发生后防止蔓延——防火分区，防火间距；

保证建筑结构在火灾中能维持足够时间——结构耐火等级，结构防火保护层；

防止建筑材料燃烧时产生有毒气体——建筑材料选用；

烟气的排除——防烟和排烟设计及设备系统；

人员的疏散——警报系统，疏散路线、疏散距离和疏散通道设计，疏散引导标志，暂时避难层；

消防救护——消防通道，消防电梯，消防供水。

对建筑影响最大的自然灾害是地震。地震的伤亡主要是房屋会在地震中坍塌把人压死，建筑抗震性能是减少地震伤亡的首要保证。在建筑设计时要遵照《建筑抗震设计规范》，按照地区和建筑性质确定抗震设防分类和设防标准（6、7、8、9度设防），进行建筑与结构抗震设计，严格保证施工质量。按中国现行抗震规范，"进行抗震设计的建筑：当遭受低于本地区抗震设防烈度的多遇地震影响时，一般不受损坏或不需修理可继续使用；当遭受相当于本地区抗震设防烈度的地震影响时，可能损坏，经一般修理或不需修理仍可继续使用；当遭受高于本地区抗震设防烈度预估的罕遇地震影响时，不致倒塌或发生危及生命的严重破坏"，即"小震不坏、中震可修，大震不倒"。

2008年5·12汶川地震，震级8.0，震中烈度11度。地震造成的8万人死亡。但是靠近震中的汶川县城地震时死亡人数很少。图3-16左边两图是地震10天后5月22日的汶川县城，房屋没有倒塌。因为第42届联合国大会通过第169号决议，决定1990~2000年为国际减灾十年，汶川县城是试点城市，县城建筑按抗震设防设计，在地震中没有坍塌，人员能及时逃出，伤亡很少。而北川县城却受损严重（图3-16右上）。

图3-16右下是聚源中学教学楼在地震中坍塌，遇难学生700人。而聚源镇内其他房屋没有坍塌。聚源中学教学楼坍塌是因"这间校舍是无筋砖墙承重的结构，预制楼板只是简单地搭在混凝土梁上。楼板之间、楼板和梁之间都没有专门连接。在楼板和梁之上也没有现浇的混凝土层来将它们连接成整体。梁也只是简单地架在承重砖墙上。教室的大面积窗户进一步削弱了抵抗地震力的墙体"。地震时，整个教学楼在顷刻间一垮到底，夺去700个学生鲜活的生命。而"西南建筑设计院在2000年后为'普九工程'设计的学校教学楼，其中在强震区65幢，无一倒塌。根本原因就是严格按规范、标准进行设计、施工和验收"（《汶川地震教学楼倒塌调查报告》）。

图 3-16

5·12 汶川地震

第四章

建筑审美

故能写真景物、真感情者，谓之有境界。

大家之作，其言情也必沁人心脾，其写景也必豁人耳目。

其辞脱口而出，无矫揉妆束之态。

——王国维（《人间词话》）

建筑形式美的规则
——比例、尺度、对称、均衡、稳定、韵律、对比

比例

　　美的物体在形式上都有一定的比例关系。古典美中最重要的是"黄金比"，长方形的短边与长边之比是 0.618∶1，以短边作一正方形，余下的长方形边长还是成黄金比:（1–0.618）∶0.618 ≈ 0.618∶1，可以连续分割下去（图 4-1）。用公式表示:长方形的长为 a，宽为 b。如果 b∶a =（a–b）∶b，则为黄金比的长方形，可以求得: b =（$\sqrt{5}$ – 1）/ 2a ≈ 0.618a; a =（$\sqrt{5}$ +1）/ 2b ≈ 1.618b。

图 4-1

建筑比例

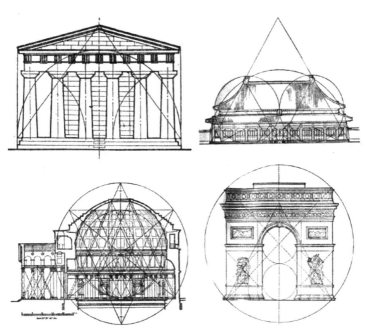

图 4-2

古典建筑的比例分析

黄金分割具有严格的比例性、艺术性、和谐性，蕴藏着丰富的美学价值。

在古典审美中，正方形、圆形和正三角形具有完整性，常常被用来分析庄重的古典建筑。图 4-2 是分别对希腊帕提农神庙、北京故宫太和殿、罗马万神庙、巴黎凯旋门进行比例分析。

前文第二章图 2-4 表示了希腊建筑柱式以人体比例来作构图，后来又说道："古希腊用石材作梁柱结构，石材做梁跨度不能大，开间很窄。所以希腊神庙的柱廊，粗壮挺拔的柱子，窄窄的开间，形成了希腊建筑的古典风格。"美国华盛顿林肯纪念堂，建于 1914 ~ 1922 年，已是 20 世纪，但为了表达"民主"的理念，采用了希腊古典风格。建筑四周一圈柱廊，采用多立克柱式，挺

图4-3

左：美国华盛顿林肯纪念堂；右：美国纽约林肯中心

拔粗壮的柱子，窄窄的开间，厚重的檐口，墙面是石墙，很符合伟人纪念堂的形象（图4-3左）。在纽约也有纪念林肯的建筑——林肯中心，由歌剧院、音乐厅和戏剧院三座建筑组成，第一个建成的是音乐厅（1962年）。音乐厅立面对称，也是柱廊，具有纪念性。但柱子修长，开间很大，檐口也薄，墙面是大面积的玻璃，与林肯纪念堂迥然不同，是文化艺术建筑的形象（图4-3右）。两个建筑，都是纪念林肯，功能性质不同，通过柱廊的不同比例表达出来。

尺度

人体是一把尺子，建筑与人体的大小关系，建筑各部分之间的尺寸关系，使人感知建筑的大小。人们感知建筑的大小，有经验的认知，对日常接触过的建筑以及门窗、台阶、栏杆的尺度有一定的"成见"，有常规的认识。但有些建筑，尤其是大型建筑，设计处理不当，会造成尺度失真，巨大的实际尺寸，看上去却没有感到如此巨大。

图 4-4，左边是清华大学大礼堂，中间是梵蒂冈圣彼得大教堂，无论是看照片，还是到现场看过，都无法想象两者的尺寸差别如右边所画的那么巨大。

清华礼堂正面，中间是两根石柱，一樘铜门，往上一个阳台，一个窗，到檐口，人们对这样的两层楼的高度，有经验的常规的认识。再看圣彼得大教堂正面，也是中间两根石柱，一樘铜门，一个阳台，一个窗，到檐口，却有 50 米高！圣彼得大教堂把常规的建筑构件按比例放大，远看反而感到比实际尺寸小了。"不就是两层楼么，能高到哪儿去？"哪儿知道到檐口就有 16 层住宅楼高！这是巨大建筑的"尺度失真"经典案例，每个学建筑的学生都被告知。当然，你走到大教堂跟前，再进到里面，那建筑部件和空间尺度与人相比，巨大而恢宏，顿时感到人的渺小。

上海世博会中国馆也存在尺度失真问题。为了表达中国传统，建筑外形用红色的枋料（钢框子包金属板，涂中国红）叠架成覆斗状框架（谓之"中国之冠"）。中国传统建筑是用木材建造，梁枋斗栱的尺寸受木料的限制，人们凭经验（看过的宫殿）和常识（对木料尺寸的了解）难以判断出中国馆顶部的"木框"

人们不会想到它们的大小相差如此悬殊，圣彼得教堂把建筑中的构件按比例放大很多，以至显得比它的实际尺寸"小"了。

图 4-4

清华大学大礼堂与罗马圣彼得大教堂的尺度比较

图 4-5

上海世博会中国馆的尺度失真

竟有 138 米之长。当你看过故宫太和殿，再看中国馆，你能想象出两者同比尺放在一起的对比吗（图 4-5 左下）？在中国馆之前，成都"春江花月"市场入口有一个木框架的牌楼，塞维利亚博览会日本馆也有个木构架，它们的尺度表达得很准确，合乎人们的经验和常识（图 4-5 右下两图）。

　　梁思成先生设计的人民英雄纪念碑，38 米高，立于天安门广场正中，尺度处理很成功。基座平展，碑形比例、台阶踏步、周圈栏杆、碑身纹饰、碑顶处理等都展示了它既有传统风格，又不同于历代碑石，显现出高大庄重之感（图 4-6 左）。图 4-6 右边是人民英雄纪念碑与颐和园昆明湖碑的比对。

　　不同尺度的建筑会形成人的不同感受。古代神庙和大教堂巨大的尺度，使得人显得很渺小，人在其中有压抑和神秘的感受，这是神权和宗教的尺度。图 4-7，左边是古埃及神庙，右边是土耳其伊斯坦布尔圣索菲亚大教堂。

图 4-6

人民英雄纪念碑尺度的准确表达

图 4-7

神权和宗教建筑的尺度

图 4-8 分别是中国的古村和欧洲的小镇，都是人们日常生活居住的场所，它们具有人性化的尺度，亲切宜人。

图 4-8

传统民居的人性化尺度

对称

自然界最普遍的形态，尤其体现在动物身上，是为了在运动中保持平衡；也普遍被人类在建筑中采用，也是出于平衡，从建造实践发展到思想观念和审美理念。对称建筑显得庄重、平衡，这也是中国的传统思想观念（图 4-9）。

图 4-9

古典建筑的对称构图。

左：希腊帕提农神庙；右：南禅寺大殿（唐，国内现存最早的木构建筑）

对称布局会突出和加强中轴线。这符合中国的政治理念和政权特征。明清紫禁城与北京城有强烈的中轴线布局（图4-10）。

图 4-10

明清皇宫与北京城的中轴线

均衡

不对称的平衡，比对称活泼、轻快、有变化。

图 4-11 左图是威尼斯运河上的照片，图中右边是总督宫，体量大，上部大面积实体墙面，显得重；图中左边沿河的建筑体量小，通体柱廊，显得轻；高耸的钟塔立在画面偏左位置，使得两边得以均衡，平衡点恰好是圣马可广场的入口。

图 4-11 右图是悉尼歌剧院，朝向海的方向的几个帆拱高（内部是观众厅），但靠得紧；朝向陆地的几个帆拱低（内部是门厅），但拉得远。两边均衡，平衡点落在最高帆拱底部的支撑点。

图 4-11

建筑的均衡构图

稳定与动势

由于地球引力（重力）的存在，在古代往往注重建筑的稳定，因此建筑要么是立方体（高度方向尺寸不大于横向），要么是锥体和阶梯形。其中典型的是古埃及的金字塔（四棱锥）以及北京天坛（圆锥形）（图 4-12）。

图 4-12

建筑的稳定构图

但如果只是考虑稳定，有时会显得单调，稳定中要有一定的动势。如吉萨金字塔，三个大金字塔在大漠中突起，再加上周围几个小金字塔，有一股向上的动势；天坛三重台基、三重檐，也是有向上的动势。现代建筑，由于技术的发展，加之建筑师个性的张扬，动势更成了一些建筑师的追求，也成就了一些建筑名作（图 4-13）。

图 4-13

建筑的动势。
左上：赖特的流水别墅；右上：柯布西耶的朗香教堂；
左下：沙里宁的杜勒斯机场候机楼；右下：沙里宁的耶鲁大学冰球馆

韵律

有规律的重复、有组织的变化。

自然界许多事物和现象呈现有规律的重复，如花朵的花瓣、花序排列，麦穗的麦粒排列，蜂巢的蜂房组织。建筑中常常使用同一种构件或一个单元，有规律、有组织地重复，显示出一种美感，叫作韵律（图 4-14）。

图4-14

建筑的韵律

对比

统一中差异的强调，对重点的衬托。

毕达哥拉斯："和谐起于差异的对立。"

黑格尔："简单东西的重复，并不是和谐，差别是属于和谐的。"

老北京内城，普通民房都是青砖灰瓦的平房四合院，形成北京旧城的城市肌理和背景；而皇家的紫禁城金碧辉煌，凸显在这平平的灰色调的底面上，对比中显出有序的和谐（图4-15左）。欧洲传统城市，教堂、市政厅钟塔等重要建筑高耸在平整的城市"图底"之上如意大利佛罗伦萨主教堂的穹顶，市政厅广场的塔楼，高耸在一片红瓦屋顶之上，统一中突出重点，对比而和谐（图4-15右）。

雅典古希腊的伊瑞克提翁神庙，南侧平整光洁的墙面与体型丰富的神坛的女神像柱廊形成对比衬托（图4-16）。

图 4-15

城市的对比构图

图 4-16

建筑的对比构图

古与新的并置

在历史建筑的附近要新建建筑，不一定要与需要保护的历史建筑"协调"，或在建筑形式上去和历史建筑相似，倒是采取"对比衬托"的手法更好，新建筑可形状简单，立面平整简洁（如玻璃幕墙），对历史建筑起衬托作用，而不"抢压"历史建筑的地位。

法国南部的尼姆是保留有数个古罗马遗迹的城市，在市中心主干道旁有一座已有2000年历史的罗马神庙，对面空出一块场地，要建一座艺术博物馆。英国著名建筑师诺曼·福斯特设计了一个柱子细细的、挑檐轻薄的现代"玻璃屋"，与柱子粗壮、墙体厚重的古典神庙"并置"，对比衬托（图4-17）。

图4-17

古与新的异置——法国尼姆

图4-18

波士顿三一广场和巴黎卢浮宫扩建工程

　　华裔美籍建筑师贝聿铭在美国波士顿三一广场的小教堂旁边，设计了汉考克大厦，也是采用了对比衬托的手法。大厦体型简单，外表面玻璃幕墙采用反射玻璃，把体型复杂、色彩丰富的小教堂映射出来（图4-18左）。

　　贝聿铭另一个闻名之作是巴黎卢浮宫广场上的"玻璃金字塔"，这是为法国大革命200周年纪念所进行的卢浮宫扩建工程设计的，扩建工程在卢浮宫广场的地下，包括卢浮宫新的入口大厅，"玻璃金字塔"是在广场中心地面上的出入口。尽管在设计阶段，贝聿铭提出的方案遭到巴黎各界人士的激烈反对，但落成之后却赢得普遍的赞誉，"现代与传统的完美结合"。贝聿铭采取的还是"对比"的手法：传统与现代，复杂与简洁，厚重与轻薄，实体与透明。但他精心控制"玻璃金字塔"的体量，在现场搭起框架实地观察推敲（图4-18右）。

　　北京故宫午门城楼楼上长期用作文物和艺术品的展陈。但传统古建筑难以满足现代艺术品展陈的温、湿度和照明要求，需要改造，但又不能对原来的古建造成损害。午门展厅工程由清华大学设计，在古建室内建起了玻璃房，设置了空调和照明系统，提供了现代化的艺术展陈条件，而中国传统建筑华美的室内装修成为艺术展览的背景。在灿烂的中国传统文化艺术的背景下，展出世界各国的艺术品，对比中相得益彰。这项工程2005年获得联合国教科文组织亚太地区文化遗产奖创新大奖（图4-19）。

图4-19

故宫午门艺术展陈区改造工程

建筑细部与工艺技术

细部设计

前面谈的建筑的艺术性和美观都是讨论建筑形式和风格。但就建筑美观而言，除了外形和空间的形式与风格以外，还有什么？

现代主义建筑大师密斯·凡·德·罗说过一句话：

"Architecture begins where two bricks are carefully jointed together."（建筑开始于两块砖被仔细地连接在一起。）

"两块砖"——建筑（building）材料。

"连接在一起"——建筑构造和施工（construction）。

"被仔细地连接在一起，产生 architecture 的意义"——细部设计。

图 4-20 中清水砖墙的砌筑方式和图案就是"细部设计"。

图4-20

清水砖墙砌筑图案

路易斯·康设计的 Phillips Academy Library 的外墙与窗，有质感、细腻（图 4-21）。

悉尼歌剧院除了吸引人的外形，其混凝土支座的设计充满力度和美感（图 4-22）。

图 4-21

路易斯·康设计的外墙与窗

图 4-22

悉尼歌剧院混凝土支座的设计

　　建筑师如果忽视了细节，建筑不注意细部，就会造成败笔。清华大学人文社科图书馆，由世界著名建筑师马里奥·博塔设计，井盖布置出现败笔（图4-23）。

图4-23

清华大学人文社科图书馆井盖布置的败笔

　　关肇邺先生设计的清华图书馆新馆，亲手画了室外铺地分格，井盖都在方格正中。新馆入口庭院平台上一共有42个井盖，位置都仔细考虑。这就是一个老建筑师的敬业态度和精益求精的精神，也是他对细部设计重要性的深刻理解（图4-24）。

图4-24

清华图书馆新馆井盖的精心布置

重庆大学新校区图书馆，建筑的形式和风格有时代感，设计者也是这一代建筑师中的佼佼者。但落在水池中的柱子却显得很粗陋，忽视了细部设计（图4-25）。

台湾地区的涵碧楼也设计有落在水池中的柱子，建筑师有细致的设计：水池用黑色石料铺砌，不深的水就可以形成清晰的倒影；列柱是工字型钢柱，凹槽内镶柚木，在接近水面处留出一窄小距离，不让木材沾水受潮。整个做工很是精细（图4-26）。

图4-27左图是北京的高层住宅，窗台积灰随雨水流下脏污了墙面；右图是德国的住宅，却没有这种现象。不是德国的空气比中国好，而是德国的窗子有金属的外窗台板。

图4-25

重庆大学新校区图书馆落在水池中的柱子——粗陋

图 4-26

台湾地区涵碧楼落在水池中的柱子——精致

图 4-27

北京住宅与德国住宅窗台的对比

中国的窗户没有外窗台板，欧洲窗户都有，在他们那里，这是一种惯常的、必需的做法（图 4-28）。

图 4-28

北京住宅与德国住宅窗台板的对比

建筑的工艺技术

印度泰姬陵是人类历史的文化和艺术瑰宝，它有典雅优美的形式，有秀丽的伊斯兰风格，也有精巧的细部，除此之外，它的艺术性和美还有什么呢？这座不算太大的建筑用了 2 万工匠花了 22 年时间才建成，工匠们高超绝伦的技艺是泰姬陵艺术性和美的基础。他们在白色的大理石上精雕细刻，像镶嵌珠宝那样精细地镶上花纹，棱花窗是整块大理石透雕而成，真是了不得，无与伦比（图 4-29）！

图 4-29

泰姬陵精致的细部与工艺

17 世纪法国的建筑师、法兰西院士佩罗（Claude Perrault ）提出两种建筑美：

positive beauty（positive 的词义：实在的、确实的、肯定的、积极的、绝对的、正的）；

arbitrary beauty（arbitrary 的词义：武断的、专制的、独裁的、随意的、任意的）。

他把"材质、工艺"归结于 positive beauty；将"形式、风格"归结于 arbitrary beauty。

建筑的 arbitrary beauty，即从风格、形式所体现的建筑艺术，可以随时代、地域、民族、社会与文化而变化，甚至在一个时代可以对以前的建筑风格、形式提出批判和加以否定。但"positive beauty"却可能是永久的。

positive beauty 与建造者的 skill（技艺、技巧）、建造的 technology（工艺、技术）、建造的 carefully（精心、细致）有关。

positive beauty 是建筑艺术性的基础。不管什么形式和风格的建筑，只有在当时当地工艺技术水准精良之下精心建造才具有艺术性，才是美的。技艺低下，粗制滥造，造出的东西不可能是艺术（品）。

在古代，建筑师和匠人以精湛的手工技艺使经典建筑具有不朽的艺术价值（图 4-30）。

工业革命开创了人类用工业制造工艺代替手工技艺的新时代。

工业制造工艺和手工技艺相比，擅长于简单几何形体的高精度加工，平直、光洁、准确复制是其特长，效率也大大地提高（图 4-31）。

图 4-30

经典建筑精湛的手工技艺

图 4-31

手工技艺和工业制造工艺的比较

中国这些年来城乡建设发展很快，房子盖得很多，但建筑设计缺失细部设计，建筑工艺技术缺少精益求精。我们在建筑中丢失了传统的手工技艺和匠人精神，建筑业的工业化还主要是施工作业的机械化，没有进入工业制造的现代工艺阶段。"粗糙，不能近看，不能细看，不耐看"，要说现阶段中国建筑与国外的差距，这个方面可能是最主要的（图4-32）。

图4-32

建筑钢结构工艺对比。
上：中国建筑的钢结构工艺；下：欧洲建筑的钢结构工艺

图 4-33 是柏林、巴黎、伦敦、东京街头拍摄的普通建筑，工艺技术都很考究。

图 4-33

普通建筑的工艺技术也很考究。左下是伦敦街头的一栋建筑，外墙是砖墙饰面和铝合金窗，窗洞是预留的，窗子是后安装的。洞口尺寸留窄了，窗子放不进去，所以总是要留得宽点。问题在于宽多少？中国的建筑施工，留的宽裕度往往过大，窗子倒是很容易装进去了，但两边多出来的缝就宽了，于是用"腻子"填缝，早年用麻丝油灰，现在用玻璃胶。而伦敦这栋房子，窗墙之间看不见填缝，现场施工与工厂制造的精度配合很好。

图 4-34 上图的照片是在台湾地区日月潭涵碧楼从游泳池里侧向日月潭湖面拍摄的。前景中的水面是泳池的水面，它把泳池外山坡上的树倒影其中。游泳池长 60 米，宽约 8 米，是漫水池，不断地缓慢地向池中注水，水池的水漫过池边流出（收集后再循

环），所以才有照片中的景象。但这要求游泳池的三条边顶部要一致的水平，这对施工要求极高，池边某处稍微高起，该处就会断流。右下图就是这种情况，北京 CBD 财富中心大堂的漫水池，池边施工没有做到一致水平，造成有的地方漫流，有的地方不流。所以，创意的设计需要有高质量的施工工艺来实现。

这不仅仅是技术水平和造价高低问题，最重要的是眼光和眼界问题，是否有细节和技艺上的追求和精益求精的要求。而中国人却容易"将就"和"凑合"。

图 4-34

两个建筑漫水池的比对

随着现代工业制造技术的迅速提高并进入建筑业，盖房子已越来越从机械化的现场施工向工业工艺控制下的工厂制造过渡。进入新世纪以来，以微分几何、计算机技术和数字控制技术发展为基础的参数化设计、数字建构、数字建造，引起了建筑造型新的变化和发展（图 4-35）。

问题在于，这些"非线性设计"得到的复杂形体如何在工程中予以实现，用什么材料、什么技术、什么工艺来保证其成型和精度控制？利用计算机三维造型软件，可以做出许多异形曲面的建筑外形来，但曲面的外形，必须与精致的工艺配合，才能有好的表现。

图 4-36 上图是德国杜塞尔多夫海关大楼，下图是美国洛杉矶迪士尼音乐厅，都是由弗兰克·盖里设计，都采用钛金属板的外皮。但外观差别巨大，前者粗糙，后者精致，实质上是工艺技术的差别，当然还有经济造价问题。

图4-35

"非线性设计"的复杂形体

图4-36

盖里的两个作品外表面差别巨大

　　图 4-37 是红极一时的女建筑师扎哈·哈迪德设计的广州歌剧院，造价超过 10 亿，工程时间为 5 年。

　　项目管理副总经理说："剧院外表共有 59 个转角，101 个面，在外截面中，没有任何两个面是相同的。幕墙上的花岗岩、玻璃没有一块是重复的，全部要分片、分面定做，再一一装上，难度很大。"为此，施工单位事先用电脑做出了模拟图，计算出了每块石板、每块玻璃的尺寸，再找工厂定做好。

　　但工程竣工后，看到的却是在转角处外贴的石板并没有拼好，很是难看（图 4-37 下）！问题出在哪里？这是一个"精度配合"问题，对于机械工程这是常识。饰面的石板，拼缝要小于毫米，尺寸精度也是小于毫米；但现场施工的结构基底（用以粘贴石板面层的"胎体"），精度要求和控制范围太大了，实际尺寸与设计的名义尺寸之间的误差会很大。贴面与基底两者精度不配合，又

图 4-37

广州歌剧院表皮施工的"精度失配"

没有考虑可调节的措施，当然就拼不好。

　　图 4-38 是北京建筑设计院设计的北京凤凰传媒中心，也是曲面的外表。

　　外表面每一个玻璃框扇尺寸都是不同的，设计单位和制造工厂实现了计算机软件对接，设计要求和尺寸全部用计算机传输，厂家再根据工艺技术确定每一个框扇的加工尺寸。

　　但建筑师在设计时考虑了玻璃框扇与结构框架之间的公差配合问题，设计了调节余地。玻璃框扇顺着雨水流向，上面的一块叠压在下面的一块之上，两者之间有一个搭接的长度，可以调节玻璃框扇长度误差的影响；玻璃框扇侧边与屋面凸起的条肋之间的间隙是雨水沟，可以调节玻璃框扇宽度误差的影响。玻璃框扇尺寸是计算机控制加工的，误差尽管不大，但总是有的，而屋面结构的施工误差更是比较大的，但因为考虑了可调节的余地，就

图 4-38

北京凤凰传媒中心设计和施工的精心对接

不会发生广州大剧院那样拼不上的问题。

中国建筑需要呼唤精致性！

我们已经到了需要变革整个建筑业基本技术体系的时候了。

结　语

正因为 architecture 包含了 art 和 science，所以早年就这个词译成中文是"建筑术"还是"建筑学"，发生过争议。后来逐渐认可"建筑学"，本书的书名是《建筑的文化理解——科学与艺术》，"科学与艺术"，科学在前；而《牛津英语字典》中是 art and science，art（艺术）在前。在我国教育部颁布的学科目录中，"建筑学"属于"工科门类"，所以改成把"科学"放在前面。

与 science（科学）相关的词：

knowledge（知识），systematized（系统化），universal truths（普遍真理），general laws（一般规律），rational（理性），logical（逻辑），study（研究），learn（学习），observation（观察），test（试验），discover（发现）……

与"art 艺术"相关的词：

skill（技能），taste（品位），ability（能力），training（训练），experience（经验），imagination（想象），creation（创造性），activity（活力），expression（表现），individual（独特的），personal（个性的）……

1999 年清华大学建筑学院经归纳总结，提出了《清华建筑教育思想》，共十条，其中四条是：

"建筑学——科学与艺术的结合；

建筑教育——理工与人文的结合；

建筑教学——基本功训练（skill training）与建筑理解（architecture learning）结合；

能力培养——创造力与综合解决问题能力结合。"

今天，现代建筑学面对着一个高速发展却又问题丛生的世界，环境、生态、人口、社会、经济、能源、信息等都是建筑学需要了解和处理的问题；相关的知识领域也从传统的建筑学领域大大扩展，并和社会科学、自然科学的许多学科领域交叉融合，形成如建筑美学、建筑史学、建筑心理学、环境行为学、城市社会学、建筑经济学、城市人口和经济、建筑生态学、建筑气候学、建筑物理学、建筑节能、建筑防灾、计算机辅助建筑设计、建筑信息系统等现代建筑学的分支科学。巨大的资金、技术、人力和物力的投入，引起对建筑活动的经济效益和社会、环境效益的高度重视。建筑活动日益成为内容庞大、因素众多、结构复杂的巨系统（large scale system）。

我们不能要求"社会对于建筑的认识"，在上述这么多的领域都有了解。但向公众普及"建筑的文化理解"还是有意义的，也是有可能的。梁思成1932年给东北大学建筑系第一届毕业生的信中，在说了"非得社会对于建筑和建筑师有了认识，建筑不会到最高的发达"之后，又对毕业生们说，"所以你们负有宣传的使命，对于社会有指导的义务"。这是梁先生留给我们的使命和义务，我们期许的是中国"建筑会到最高的发达"，以慰梁思成先生85年前的愿望。

图片来源 ①

第一章：

图 1-1: Bowmar. People and Culture[M]. Noble Social Studies，1980.

图 1-2 ~ 图 1-7：网络下载

图 1-8：照片为网络下载，图纸来自北京设计院

图 1-9：作者自摄

第二章：

图 2-1: The Social Science[M]. Harcourt Brace Jovanovich，Inc.，1970：28.

图 2-2：从史前至今人类栖居的历史（Histoire de l'habitation humaine Depuis les temps prehistoriques）[M].1875；Marc-Antoine Laugier. Essaisur l'architecture[J]. Essay on Architecture，1753；刘敦桢. 中国古代建筑史 [M]. 北京：中国建筑工业出版社，1987.

图 2-3：底图来自国家测绘地理信息局

图 2-4 ~ 图 2-6：网络下载

图 2-7: Bowmar. People and Culture[M]. Noble Social Studies，1980.

图 2-8：作者自摄

图 2-9：网络下载

图 2-1: Rudofsky，B. Architecture without Architects[M]. New York: Doubleday & Company，Inc.，1964：126.

图 2-11: Bowmar. People and Culture[M]. Noble Social Studies，1980.

图 2-12：网络下载

① 本书图片来源已一一注明，虽经多方努力，仍难免有少量图片未能厘清出处，联系到原作者或拍摄人，在此一并致谢的同时，请及时与编者或出版社联系。

图 2-13：左上为作者自摄；其他为网络下载

图 2-14、图 2-15：网络下载

图 2-16：左上为作者自摄；其他为网络下载

图 2-17：The Glass House[M]. The MIT Press，1981：124，125，143.

图 2-18：左上：The Glass House[M]. The MIT Press，1981：139；左下：网络下载；右为作者自摄

图 2-19：威廉 J·R·柯蒂斯. 20 世纪世界建筑史 [M]. 北京：中国建筑工业出版社，2011：225，226，408，409.

图 2-20 ~ 图 2-22：网络下载

图 2-23：作者自摄

图 2-24 ~ 图 2-27：网络下载

第三章：

图 3-1：Bowmar. People and Culture[M]. Noble Social Studies，1980.

图 3-2：网络下载

图 3-3：上为作者自摄；下为网络下载

图 3-4：网络下载

图 3-5：作者自摄

图 3-6、图 3-7：网络下载

图 3-8：左为作者自摄；右为网络下载

图 3-9 ~ 图 3-11：网络下载

图 3-12：右下为作者自摄；其他为网络下载

图 3-13：作者自摄

图 3-14：上为网络下载；下为作者自摄

图 3-15、图 3-16：网络下载

第四章：

图 4-1：网络下载

图 4-2:清华大学土木建筑系民用建筑设计教研.建筑构图原理 [M].
中国工业出版社，1962.

图 4-3: 网络下载

图 4-4: 田学哲.建筑初步 [M].北京: 中国建筑工业出版社，1982.

图 4-5: 作者自摄

图 4-6: 田学哲.建筑初步 [M].北京: 中国建筑工业出版社，1982.

图 4-7、图 4-8: 左为作者自摄，右为网络下载

图 4-9: 左为网络下载; 右为作者自摄

图 4-10: 网络下载

图 4-11: 作者自摄

图 4-12: 网络下载

图 4-13: 右下为作者自摄; 其他为网络下载

图 4-14: 右上为作者自摄; 其他为网络下载

图 4-15: 网络下载

图 4-16、图 4-17: 作者自摄

图 4-18: 右下为作者自摄; 其他为网络下载

图 4-19:《世界建筑》杂志 2006 年第三期封底

图 4-20: 作者自摄

图 4-21: 网络下载

图 4-22 ~ 图 4-29: 作者自摄

图 4-30: 下左和下中为网络下载，其他为作者自摄

图 4-31: 左为网络下载; 右为作者自摄

图 4-32: 右下为作者自摄; 其他为网络下载

图 4-33、图 4-34: 作者自摄

图 4-35 ~ 图 4-37: 网络下载

图 4-38: 上为北京设计院提供; 下为作者自摄

图书在版编目（CIP）数据

建筑的文化理解——科学与艺术 / 秦佑国编著. — 北京：中国建筑工业出版社，2017.10（2021.1重印）
（建筑科普丛书）
ISBN 978-7-112-21247-7

Ⅰ.①建… Ⅱ.①秦… Ⅲ.①建筑艺术—世界 Ⅳ.① TU-861

中国版本图书馆CIP数据核字（2017）第228421号

责任编辑：李 东 陈海娇
责任校对：李欣慰 王 瑞

建筑科普丛书
中国建筑学会 主编
建筑的文化理解——科学与艺术
秦佑国 编著
＊
中国建筑工业出版社出版、发行（北京海淀三里河路9号）
各地新华书店、建筑书店经销
北京京点图文设计有限公司制版
北京建筑工业印刷厂印刷
＊
开本：880×1230毫米 1/32 印张：3⅜ 字数：78千字
2018年2月第一版 2021年1月第二次印刷
定价：23.00元
ISBN 978-7-112-21247-7
　　（30809）